Luis Rubén Juárez Zapatero

Privatização e apropriação da água

Luis Rubén Juárez Zapatero

Privatização e apropriação da água

O capitalismo é a causa principal da crise da água

ScienciaScripts

Imprint

Any brand names and product names mentioned in this book are subject to trademark, brand or patent protection and are trademarks or registered trademarks of their respective holders. The use of brand names, product names, common names, trade names, product descriptions etc. even without a particular marking in this work is in no way to be construed to mean that such names may be regarded as unrestricted in respect of trademark and brand protection legislation and could thus be used by anyone.

Cover image: www.ingimage.com

This book is a translation from the original published under ISBN 978-613-9-41088-0.

Publisher:
Sciencia Scripts
is a trademark of
Dodo Books Indian Ocean Ltd. and OmniScriptum S.R.L publishing group

120 High Road, East Finchley, London, N2 9ED, United Kingdom
Str. Armeneasca 28/1, office 1, Chisinau MD-2012, Republic of Moldova, Europe
Printed at: see last page
ISBN: 978-620-7-91778-5

Índice.

Introdução.

O capitalismo é a causa fundamental da apropriação e privatização da água. A sociedade capitalista está orientada para a produção de mercadorias, que em última análise gera lucro, e para a oligarquia. A produção incessante de mercadorias exige a disponibilidade de grandes quantidades de água. A apropriação e privatização da água é um fator que conduz às alterações climáticas. Os processos de produção dos monopólios e das transnacionais são responsáveis pela escassez e poluição da água, e não as actividades diárias das pessoas.

A solução passa pela instauração de um novo sistema social democrático que oriente a produção para as necessidades das populações.

Na década de 1990, o Fundo Monetário Internacional e o Banco Mundial incentivaram os governos a criar legislação para privatizar a água. Em 1 de dezembro de 1992, Carlos Salinas de Gortari, Presidente do México na altura, decretou a Lei Nacional da Água que privatizou as infra-estruturas hídricas e a água. 36 anos depois, os rios e os lagos tornaram-se esgotos e/ou parte do sistema de irrigação, de tal forma que, em determinadas alturas do ano, alguns leitos dos rios parecem secos, os lagos e as barragens tornam-se depósitos de lamas tóxicas.

Analisam-se os aspectos prejudiciais da Lei Nacional da Água, que geram graves distorções na captação e abastecimento de água, apontam-se alguns impactos a nível nacional, utiliza-se o estado de Michoacán como estudo de caso para mostrar outras distorções, ou alguns casos individuais que exemplificam a predominância do interesse privado sobre o interesse público.

Em 8 de fevereiro de 2012, o artigo 4.º da Constituição Política dos Estados Unidos Mexicanos foi alterado para elevar o direito humano à água ao estatuto constitucional, pelo que o artigo 3.º transitório estabelece: "O Congresso da União dispõe de um prazo de 360 dias para emitir uma Lei Geral da Água". O prazo expirou a 2 de fevereiro de 2013 e, no momento da redação do presente relatório, a nova lei não foi publicada, prevalecendo a privatização da água e das infra-estruturas hídricas.

Propõe elementos que devem ser incluídos na nova lei da água para garantir o direito humano à água, a um ambiente saudável e a uma vida saudável.

O capitalismo é a causa principal das alterações climáticas.

Há décadas que os cientistas demonstram que o aquecimento global, as alterações climáticas e o Antropoceno são o resultado dos processos de produção da era industrial, ou seja, do capitalismo, o sistema económico hegemónico no planeta, orientado para a produção de mercadorias com o objetivo último de gerar lucros para uma elite.

A NASA publica provas, causas e efeitos das alterações climáticas:

- Prova: https://climate.nasa.gov/en-espanol/datos/evidencia/.
- Causas: https://climate.nasa.gov/en-espanol/datos/causas/
- Efeitos: https://climate.nasa.gov/en-espanol/datos/efectos/

O Antropoceno é um termo amplamente utilizado desde 2000, quando foi definido por Paul Crutzen e Eugene Stoermer para se referir à atual era geológica, na qual muitas condições e processos na Terra são profundamente alterados pela atividade humana. Esta atividade intensificou-se significativamente desde o início da era industrial, colocando o sistema terrestre fora do estado típico da época do Holoceno. [1]O Grupo de Trabalho do Antropoceno, um grupo de cientistas, divulgou uma declaração em 21 de maio de 2019, na qual afirmava que existem provas, mas que são necessários mais estudos para declarar que estamos na época do Antropoceno.

Os fenómenos associados ao Antropoceno incluem aumentos significativos da erosão e do transporte de sedimentos associados à urbanização e à agricultura; perturbações acentuadas e abruptas, induzidas pelo homem, dos ciclos do carbono, do azoto, do fósforo e de vários metais, juntamente com novos compostos químicos; alterações ambientais geradas por estas perturbações, incluindo o aquecimento global, a subida do nível do mar, a acidificação dos oceanos, a expansão das "zonas mortas" dos oceanos; alterações rápidas na biosfera terrestre e marinha, resultantes da perda de habitat, da predação, da explosão das populações de animais domésticos e das invasões de espécies; alterações rápidas na biosfera terrestre e marinha, resultantes da perda de

---

[1] http://quaternary.stratigraphy.org/working-groups/anthropocene/

habitat, da predação, da explosão das populações de animais domésticos e das invasões de espécies; rápidas alterações na biosfera terrestre e marinha, resultantes da perda de habitat, da predação, da explosão das populações de animais domésticos e das invasões de espécies; e a proliferação e disseminação global de muitos novos "minerais" e "rochas", incluindo o betão, as cinzas volantes e os plásticos, e a miríade de "tecnofósseis".

Muitas destas mudanças persistirão durante milénios ou mais e estão a alterar a trajetória do sistema terrestre, algumas com efeitos permanentes. Estas alterações estão a refletir-se num conjunto distinto de estratos geológicos que estão agora a acumular-se e que têm potencial para serem preservados no futuro.

[2]Em 2009, um grupo de cientistas publicou na revista "Ecology & Society" o artigo "Planetary Boundaries: Exploring the Safe Operating Space for Humanity", no qual propõem uma nova abordagem para alcançar a sustentabilidade global, definindo limites planetários dentro dos quais esperamos que a humanidade possa viver em segurança. O documento estabelece 9 fronteiras planetárias:

1) alterações climáticas, 2) acidificação dos oceanos, 3) empobrecimento da camada de ozono, 4) interferência no ciclo global do fósforo e do azoto, 5) perda de biodiversidade, 6) utilização global da água doce (captação e privatização da água), 7) alteração da utilização dos solos, 8) aerossóis atmosféricos e 9) poluição química.

[3]Em 13 de setembro de 2023, a revista "Science Advances" **publicou o** artigo "Earth beyond six of nine planetary boundaries" (A Terra para além de seis dos nove limites planetários), no qual afirma que, com base em medições recentes, 6 dos 9 limites planetários ultrapassaram os limites que permitem à humanidade viver em segurança. Os limites ultrapassados são: alterações climáticas, interferência no ciclo global do fósforo e do azoto, perda de biodiversidade,

---

[2] Rockström, J., W. Steffen, K. Noone, Å. Persson, F. S. Chapin, III, E. Lambin, T. M. Lenton, M. Scheffer, C. Folke, H. Schellnhuber, B. Nykvist, C. A. De Wit, T. Hughes, S. van der Leeuw, H. Rodhe, S. Sörlin, P. K. Snyder, R. Costanza, U. Svedin, M. Falkenmark, L. Karlberg, R. W. Corell, V. J. Fabry, J. Hansen, B. Walker, D. Liverman, K. Richardson, P. Crutzen e J. Foley. 2009. Planetary boundaries:exploring the safe operating space for humanity. Ecology and Society 14(2): 32. [online] URL: http://www.ecologyandsociety.org/vol14/iss2/art32/
[3] Katherine Richardson et al. ,Earth beyond six of nine planetary boundaries.Sci. Adv.9,eadh2458(2023).DOI:10.1126/sciadv.adh2458

utilização global de água doce, alteração da utilização dos solos e poluição química.

[45]Recentemente, o Programa Copernicus da Comunidade Europeia declarou que 2023 será o ano mais quente desde 1850, com uma temperatura média estimada de 14,98 graus Celsius, ou seja, 1,48°C mais quente do que a temperatura pré-industrial estimada em 13,5 graus Celsius, sendo muito provável que, num período de 12 meses que termina em janeiro ou fevereiro de 2024, ultrapasse 1,5°C acima dos níveis pré-industriais. [6]Esta é uma péssima notícia para a humanidade, como salienta a meta 13 dos Objectivos de Desenvolvimento Sustentável:

"O Painel Intergovernamental sobre as Alterações Climáticas (PIAC) sublinha que é essencial proceder a reduções substanciais, rápidas e sustentadas das emissões de gases com efeito de estufa (GEE) em todos os sectores, a partir de agora e ao longo da presente década. Para limitar o aquecimento global a 1,5°C acima dos níveis pré-industriais, as emissões já devem estar a diminuir e devem ser reduzidas para quase metade até 2030, ou seja, daqui a apenas sete anos".

A referida meta é avaliada através da estimativa da temperatura média em períodos de 20 anos, embora nos últimos 20 anos a temperatura média não tenha atingido 1,5 °C acima dos níveis pré-industriais, a tendência da temperatura média está na direção oposta à indicada pela meta 13 dos Objectivos de Desenvolvimento Sustentável.

---

[4] https://climate.copernicus.eu/global-climate-highlights-2023
[5] https://www.agenciasinc.es/Noticias/Copernicus-confirma-que-2023-fue-el-ano-mas-caluroso-desde-que-hay-registros#:~:text=Debido%20a%20las%20temperaturas%20an%C3%B3malas,r%C3%A9cord%20de%20a%C3%B1o%20m%C3%A1s%20c%C3%A1lido.
[6] https://www.un.org/sustainabledevelopment/es/climate-change-2/

Os bilionários, as transnacionais e os monopólios estão na origem das alterações climáticas.

[7]Em 20 de novembro de 2023, a OXFAM International publicou o artigo "The richest 1% pollute as much as the poorest two thirds of humanity" , no qual são apresentados os principais resultados do estudo "Climate Equality: One Planet for the 99%":

- *O 1% mais rico (77 milhões de pessoas) foi responsável por 16% do total de emissões com base nos seus hábitos de consumo em 2019, mais do que o total de emissões provenientes das deslocações de automóvel e do transporte rodoviário. Os 10% mais ricos foram responsáveis por metade (50%) das emissões totais.*

- *Estima-se que uma pessoa dos 99% mais pobres da humanidade demoraria cerca de 1500 anos a gerar as emissões que os bilionários mais ricos produzem num ano.*

- *Todos os anos, as emissões produzidas pelo 1% mais rico anulam as poupanças de carbono geradas por quase um milhão de turbinas eólicas.*

- *Em comparação com a metade mais pobre da humanidade, desde a década de 1990, o 1% mais rico consumiu o dobro do carbono disponível para emitir sem causar um aumento da temperatura global acima do limite seguro de 1,5°C.*

- *Até 2030, prevê-se que o nível de emissões gerado pelo 1% seja 22 vezes superior ao compatível com o objetivo de ficar abaixo do limite estabelecido no Acordo de Paris.*

[8]Pela sua relevância, cito as páginas 5 e 6 do Sumário Executivo do estudo "Climate Equality: One Planet for the 99%" :

"Se não reduzirmos rapidamente as emissões de carbono, em apenas cinco anos teremos esgotado a quantidade de carbono que podemos emitir sem desencadear um colapso climático. O último relatório do Painel Intergovernamental sobre as Alterações Climáticas (IPCC) demonstrou claramente que os países ricos com emissões elevadas e as grandes empresas poluidoras são os principais responsáveis pela crescente crise climática.

---

[7] https://www.oxfam.org/es/notas-prensa/el-1-mas-rico-contamina-tanto-como-los-dos-tercios-mas-pobres-de-la-humanidad
[8] https://www.oxfam.org/es/informes/igualdad-climatica-un-planeta-para-el-99

O papel dos países do Norte global na crise climática e a sua responsabilidade na mesma estão bem documentados: foi demonstrado que, devido ao seu passado histórico e, em vários casos, colonial, os países classificados pela Convenção-Quadro das Nações Unidas sobre as Alterações Climáticas (CQNUAC) na categoria "Anexo 1" (ou seja, os mais industrializados) são responsáveis por 90% das emissões excedentárias e os países do Norte global, em particular, por 92%.

O papel das grandes empresas na crise climática também está bem documentado, especialmente no caso das empresas de combustíveis fósseis. Um estudo de alto nível concluiu que 70% das emissões industriais de carbono desde 1998 provêm de apenas 100 empresas de petróleo, carvão e gás.

O papel dos super-ricos e dos ricos (respetivamente, 1% e 10% da população) no colapso climático é muito menos conhecido e está menos documentado. No entanto, compreender o papel desta minoria é fundamental para estabilizar o planeta e garantir uma vida decente para a população em geral.

Em particular, o 1% mais rico da população tem um papel fundamental a desempenhar na crise climática por três razões:

1. pelas emissões de carbono que geram na sua vida quotidiana através do consumo, por exemplo, a utilização de iates e jactos privados, e um estilo de vida opulento;

2. pelos seus investimentos e participações em indústrias altamente poluentes e pelo seu interesse económico e financeiro em manter o status quo; e

3. pela influência indevida que exercem sobre os meios de comunicação social, a economia, a política e a elaboração de políticas.

Em 2019, o 1% mais rico da população mundial gerou o mesmo volume de emissões que os 66% mais pobres (5 mil milhões de pessoas)."

Ou seja, a elite económica e os grandes monopólios mundiais são os principais responsáveis pelas alterações climáticas.

Estamos num ponto de viragem que coloca a humanidade à beira de uma crise que ameaça a nossa própria existência. A humanidade tem de agir agora, para erradicar a causa principal das alterações climáticas. É necessária uma ação forte e democrática.

[9][10]Um exemplo interessante é a lei de combate à desflorestação global, embora limitada a um pequeno número de produtos, representa um começo, designada "Regulamento (UE) 2023/1115 sobre produtos sem desflorestação", aprovada pelo Parlamento Europeu, reconhece o comunicado de imprensa do Parlamento:

"Entre 1990 e 2020, a desflorestação destruiu uma área maior do que a da UE, e cerca de 10% é atribuível ao consumo na UE".

Então:

"Para combater as alterações climáticas e a perda de biodiversidade, a nova lei obriga as empresas a garantir que os seus produtos não provocaram a desflorestação e a degradação das florestas.

Embora nenhum país ou produto seja proibido, as empresas só poderão vender produtos na UE se o fornecedor do produto tiver emitido uma declaração de "diligência devida". Esta declaração deve certificar que o produto não provém de terras desflorestadas e não causou degradação florestal, nem de florestas primárias insubstituíveis, após 31 de dezembro de 2020.

Tal como solicitado pelo Parlamento, as empresas terão também de demonstrar que estes produtos cumprem a legislação relevante do país produtor, incluindo a legislação relativa aos direitos humanos, e que os direitos das populações indígenas em causa foram respeitados".

---

[9] https://environment.ec.europa.eu/topics/forests/deforestation/regulation-deforestation-free-products_en
[10] https://www.europarl.europa.eu/news/es/press-room/20230414IPR80129/el-parlamento-aprueba-una-nueva-ley-para-luchar-contra-la-deforestacion-mundial

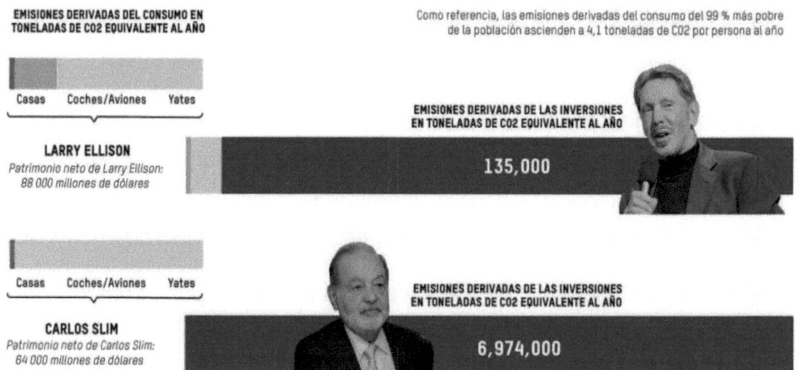

Ilustração 1 Emissões do consumo e dos investimentos - o exemplo de dois bilionários. Fonte: Oxfam, Barros e Wild (2021)

O que fazer.

[11]Combater as alterações climáticas implica erradicar a causa que as provoca, ou seja, implica erradicar o capitalismo como sistema hegemónico, implica criar uma sociedade democrática que oriente a produção de bens e serviços para a satisfação das necessidades e dos direitos da humanidade, ao mesmo tempo que se concentra no cumprimento dos Objectivos de Desenvolvimento Sustentável e na tomada de medidas sérias para evitar que os limites planetários sejam ultrapassados , razão pela qual é essencial proteger o ambiente, Por isso, é essencial proteger o ambiente, evitar alterações no uso do solo florestal, impedir a apropriação e privatização da água, proteger a biodiversidade, restaurar as nossas florestas como fonte de água e habitat para a flora e a fauna, é uma tarefa colectiva da humanidade, em que as pessoas que habitam cada cidade ou vila têm a obrigação comum de forjar uma sociedade democrática e proteger o ambiente, um duo inseparável e inerente, impossível de alcançar um sem o outro. Nós, os habitantes da terra, ao nosso nível, devemos agir coletivamente, forjando novas formas de governação democrática e agindo simultaneamente para proteger e restaurar o ambiente, impedindo a

---

[11] 1) alterações climáticas, 2) acidificação dos oceanos, 3) empobrecimento da camada de ozono, 4) interferência no ciclo global do fósforo e do azoto, 5) perda de biodiversidade, 6) utilização global da água doce (captação e privatização da água), 7) alteração da utilização dos solos, 8) aerossóis atmosféricos e 9) poluição química.

desflorestação, a apropriação e a privatização da água, a destruição da biodiversidade, evitando a poluição e a alteração dos ciclos naturais do carbono, do azoto e do fósforo.

Apropriação e privatização da água.

[12]O artigo "Planetary Boundaries: Exploring the Safe Operating Space for Humanity" , propõe a monitorização de 9 fronteiras planetárias para manter a biosfera dentro de condições que permitam à humanidade viver em segurança, a utilização global de água doce é uma dessas fronteiras, e a sua principal ameaça é a apropriação e privatização da água. O artigo "Earth beyond six of nine planetary boundaries" (A Terra para além de seis das nove fronteiras planetárias), no qual se afirma que, com base em medições recentes, 6 das 9 fronteiras planetárias ultrapassaram os limites que permitem à humanidade viver em segurança, sendo a utilização global de água doce uma delas.

Mostrar que a privatização e a apropriação de água respondem ao processo de acumulação de capital, ou seja, permitir a privatização e a apropriação de água para garantir o abastecimento de água nos processos de produção de várias mercadorias. Sobretudo na década de 1990, o Banco Mundial, a Organização Mundial do Comércio e o Fundo Monetário Internacional pressionaram os governos a reformar a sua legislação para permitir a privatização e a apropriação da água.

A nível global, procuraram-se referências sobre a apropriação de água, mas só foram encontrados artigos isolados que forneciam dados sobre a apropriação de água por empresas privadas. Foi identificada a "Land Matrix Initiative", que tem vindo a construir uma base de dados sobre a apropriação de terras, incluindo alguns dados sobre a apropriação de água, que considera que a apropriação de terras e de água estão intimamente ligadas, mas faltam dados concretos sobre a apropriação de água. Note-se que, em alguns países, como os Estados Unidos, a água sempre foi considerada um bem privado.

[13]Para o México e Michoacán, foi analisada a base de dados do Registo Público dos Direitos da Água da Comissão Nacional da Água, que pode ser

---

[12] Rockström, J., W. Steffen, K. Noone, Å. Persson, F. S. Chapin, III, E. Lambin, T. M. Lenton, M. Scheffer, C. Folke, H. Schellnhuber, B. Nykvist, C. A. De Wit, T. Hughes, S. van der Leeuw, H. Rodhe, S. Sörlin, P. K. Snyder, R. Costanza, U. Svedin, M. Falkenmark, L. Karlberg, R. W. Corell, V. J. Fabry, J. Hansen, B. Walker, D. Liverman, K. Richardson, P. Crutzen e J. Foley. 2009. Planetary boundaries:exploring the safe operating space for humanity. Ecology and Society 14(2): 32. [online] URL: http://www.ecologyandsociety.org/vol14/iss2/art32/
[13] https://app.conagua.gob.mx/consultarepda.aspx

descarregada, no todo ou em parte, do sítio Web do Registo Público dos Direitos da Água. A base de dados contém, entre outros dados, o nome do concessionário, o fólio ou título da concessão, o tipo de utilização, o volume anual da concessão em metros cúbicos e o Estado.

No caso das pessoas colectivas, foram utilizadas as siglas associadas ao nome (A.C., S.A., A.R., URDERAL, etc.) para relacionar a lei que regula cada pessoa colectiva, a partir da qual se determinou o tipo de exploração: pública, social ou privada. Por outro lado, verificámos que algumas empresas se dividiram para não serem acusadas de práticas monopolistas, pelo que modificaram regionalmente a sua denominação social, nestes casos encontrámos a Pepsi e a Coca Cola, pelo que fizemos um esforço para identificar a que empresa de refrigerantes pertenciam as filiais, o que foi feito através da consulta do site de cada empresa e/ou através de documentos judiciais em que a Pepsi e a Coca Cola se acusavam mutuamente de práticas monopolistas. Com base nesta classificação, foi feita uma classificação por sector de atividade, por exemplo, Cervejaria, Imobiliário, Engarrafamento, Vinhos, Aves, Lacticínios, Cimento, Educação e Água Purificada. Em suma, foi um trabalho exaustivo e em contínuo desenvolvimento, estando os pormenores da informação armazenados numa base de dados.

Resumo.

A crise da água no México e no mundo não é um acidente, nem se deve à falta de cuidado dos 7,753 mil milhões de seres humanos que habitam o planeta. Os verdadeiros culpados da crise da água são as pessoas e as empresas que monopolizam e privatizam a água; os seus nomes constam da lista de bilionários da Forbes e da lista Fortune 500.

O capitalismo é a causa principal da crise global da água, que privatiza a água, desregulamenta a sua extração e a acumula nas mãos de um pequeno número de empresas e indivíduos, provocando a sobre-exploração das bacias hidrográficas e dos aquíferos. No capitalismo, a água só faz sentido como um fator de produção no processo de produção de mercadorias, cujo objetivo final é gerar lucros e acumular capital, o que acaba por moldar as enormes fortunas da oligarquia global.

Apresentamos informações sobre a apropriação e privatização da água no mundo. Para o México e Michoacán, apresentamos informação preliminar da análise das concessões registadas no Registo Público de Direitos de Água (REPDA) que nos permitiu identificar os principais captadores de água no México e Michoacán. Alertamos para o facto de apenas refletir a captação legalizada de água; a análise não considera a captação ilegal conseguida através de poços e captações clandestinas, desapropriação violenta de água, agiotagem, etc.

No início da década de 1990, o Banco Mundial (BM), a Organização Mundial do Comércio (OMC) e o Fundo Monetário Internacional (FMI) pressionaram os governos de todo o mundo a aprovar leis para privatizar a água. [14][15]Na Califórnia, não há restrições à exploração de aquíferos e os empresários querem eliminar as restrições à exploração de águas superficiais e deixar o mercado gerir a água.

Mundo.

[16]Estima-se que as empresas transnacionais captam pelo menos 454 mil milhões de metros cúbicos por ano, 60% dos quais são controlados por empresários dos Estados Unidos, dos Emirados Árabes Unidos, da Índia, do Reino Unido, do Egipto e de Israel, [17][18]Na indústria mundial de abastecimento e tratamento de água, dois monopólios franceses, Veolia Environnement e Suez Water System, dominam 70% do mercado de serviços de abastecimento e tratamento de água a nível mundial. Desde há alguns anos, grandes bancos e fundos de investimento como o Goldman Sachs, o JP Morgan Chase, o Citigroup, o UBS, o Deutsche Bank, o Credit Suisse, o Macquarie Bank, o Barclays Bank, o Blackstone Group, o Allianz e o HSBC Bank, entre outros, consolidaram o seu controlo sobre a água a nível mundial. A família do antigo Presidente George

[14] https://www.scientificamerican.com/article/the-science-of-california-s-unprecedented-drought/
[15] https://www.pacificresearch.org/new-permanent-state-water-restrictions-wont-increase-supply/?gclid=Cj0KCQjw6_vzBRCIARIsAOs54z4mRokH35WO3-4vzGgTIMT6l4SM42IBfg1kO_WS26Jm84dB6U4SbZoaApAlEALw_wcB
[16] Estimativa baseada no volume de água relacionado com a apropriação de terras https://landmatrix.org/
[17] https://www.scientificamerican.com/article/corporations-grabbing-land-and-water-overseas/
[18] https://www.tni.org/es/publicacion/el-acaparamiento-mundial-de-aguas-guia-basica#13

H.W. Bush adquiriu 300.000 acres de água. [19]A família de Bush adquiriu 300.000 acres do aquífero Guara, localizado na América do Sul e considerado o maior aquífero do mundo.

Em 16 de junho de 2015, o Washington Post publicou um estudo da NASA que revela que 21 dos maiores aquíferos do mundo estão a esgotar-se. [20]O cientista da NASA Jay Famiglietti declarou que "a situação é bastante crítica". A privatização e a apropriação da água exacerbam a sobre-exploração da água, com 19% da água retirada a ser utilizada para fins industriais e 70% para fins agrícolas. [21]O CDP, uma organização sem fins lucrativos com presença em vários países, realizou um inquérito a um grupo de 296 empresas. 75% das empresas inquiridas afirmam que necessitam de mais água e que a água que recebem é de má qualidade, mas 50% das empresas inquiridas afirmam que vão aumentar a captação de água.

[22]2,2 mil milhões de pessoas não dispõem de serviços de abastecimento de água potável, 4,2 mil milhões de pessoas não dispõem de serviços de saneamento de água geridos de forma segura, 2 mil milhões de pessoas vivem em países com elevado stress hídrico.

Os dados seguintes ilustram a vulnerabilidade de grandes segmentos da população à falta de água e de saneamento:

- [23]2 mil milhões de pessoas vivem em países com elevado stress hídrico .
- [24]2,1 mil milhões de pessoas não dispõem de serviços de abastecimento de água potável geridos de forma segura (localizados em espaços

[19] https://mywaterearth.com/who-are-the-global-water-grabbers/
[20] http://www.washingtonpost.com/news/wonkblog/wp/2015/06/16/new-nasa-studies-show-how-the-world-is-running-out-of-water/
[21] https://www.cdp.net/en/research/global-reports/global-water-report-2018?cid=309699438&adgpid=50349551406&itemid=&targid=kwd-1663807042&mt=b&loc=1010110&ntwk=g&dev=c&dmod=&adp=&gclid=Cj0KCQjw6_vzBRCIARIsAOs54z6gFTkbK2EwQK1w4aWtsy9SqXdAliYZqAjAN1yt8tXi4sAmkfI-JZwaAtVIEALw_wcB
[22] https://www.un.org/en/sections/issues-depth/water/
[23] Página 15. Relatório das Nações Unidas sobre o Desenvolvimento Mundial da Água 2019. Não deixando ninguém para trás. UNWATER. https://unesdoc.unesco.org/ark:/48223/pf0000367304
[24] Página 39. Relatório das Nações Unidas sobre o Desenvolvimento Mundial da Água 2019. Não deixar ninguém para trás. UNWATER. https://unesdoc.unesco.org/ark:/48223/pf0000367304

interiores, disponíveis quando necessário e isentos de contaminação fecal e química) .

- [25]4,5 mil milhões de pessoas não dispõem de serviços de saneamento de água geridos de forma segura (instalações sanitárias que não são partilhadas com outros agregados familiares e onde os excrementos são eliminados de forma segura no local ou transportados e tratados fora do local) .
- [26]40% da população mundial não dispõe de instalações básicas de lavagem das mãos em casa.

México

Em 1 de dezembro de 1992, o então presidente Carlos Salinas de Gortari decretou a "Lei Nacional da Água", em conformidade com a iniciativa de privatização do BM, da OMC e do FMI. A "Lei Nacional da Água" privatizou as infra-estruturas hídricas e a extração de água através de concessões.

Em 31 de maio de 2019, a Comissão Nacional da Água (CONAGUA) informa que existem 516.396 títulos de concessão, pelo que 67,66% da água concessionada é dedicada à produção de eletricidade, 21,66% à agricultura e 4,91% ao serviço público urbano e doméstico. O Registo Público de Direitos de Água fornece informações sobre o titular, o volume de água concessionado e o tipo de utilização. Uma análise dos concessionários permite estimar que 54.634 milhões de metros cúbicos de água por ano estão concessionados ao sector privado.

Pessoa singular ou colectiva	Número de concessões	Metros cúbicos por ano
Empresa comercial	14,564	29,403,331,554.72
Pessoa singular	233,916	16,445,422,789.64
Sociedade civil	5,344	5,272,808,861.67

---

[25] Página 39. Relatório das Nações Unidas sobre o Desenvolvimento Mundial da Água 2019. Não deixar ninguém para trás. UNWATER. https://unesdoc.unesco.org/ark:/48223/pf0000367304
[26] https://www.unwater.org/water-facts/handhygiene/

Sociedade Agrícola	8,281	2,842,058,762.99
Cooperativa	1,460	663,359,566.03
Associação religiosa		7,483,756.95
Total	263,692	54,634,465,292.00

É importante notar que a captação de água estabelecida no título de concessão não é controlada, pelo que o concessionário pode extrair mais água.

Outros elementos a ter em conta são as captações e os poços não autorizados, ou seja, a extração ilegal de água. Guanajuato é considerado o estado com o maior número de poços. Em 19 de fevereiro de 2019, Humberto Navarro de Alva, delegado da CONAGUA no estado, declarou que existem pelo menos 4 000 poços ilegais.

[27]Uma análise superficial do Registo Público dos Direitos da Água da Comissão Nacional da Água revela a monopolização e privatização da água por algumas empresas e indivíduos no México:

Sector	Concessões	Metros cúbicos por ano
Produção de eletricidade		22,712,989,810.55
Cervejaria		220,122,059.88
Imobiliário	821	197,293,233.80
Empresa de engarrafamento	373	91,853,463.34
Adega		36,999,461.66
Aves de capoeira	440	36,682,189.73
Lacticínios		20,004,857.53
Cimento		12,106,298.89

Educação	103	9,408,291.21
Água purificada		1,940,583.02
Total	2,177	23,339,400,249.61

1.533 indivíduos detêm 2.644 milhões de metros cúbicos por ano, cada um deles detendo 1 milhão de metros cúbicos por ano, o quadro mostra os 10 indivíduos com o maior volume de concessões.

Nome	Metros cúbicos por ano
Abraham Haddad Ferez	114,002,640.00
María Esther Ruiz Anitua	46,971,639.00
Francisco Javier Antonio Claret Rafael Concha y Llorens	37,843,200.00
Arturo González Ruiz	10,883,870.72
Daniel Adrian Jones Jones	10,249,200.00
Alemão Alberto Ireta Alas e outros	10,249,200.00
C. Adela Amada Thomas Couturier	8,989,056.00
Jorge M Vélez Cícero	8,000,000.00
Francisco Yee Rubio	7,655,155.20
Toma Robles - Patrizeño	7,095,600.00

A imagem mostra o mapa do grau de pressão hídrica (relação entre a água consumida e a água disponível na bacia) em cada uma das regiões hidrológicas do país, sendo que a maioria das regiões está em alta pressão hídrica (entre 40% e 100% da água disponível na bacia é consumida). O mapa faz parte do Sistema Nacional de Informações sobre Águas da CONAGUA (http://sina.conagua.gob.mx/sina/tema.php?tema=gradoPresion&ver=mapa).

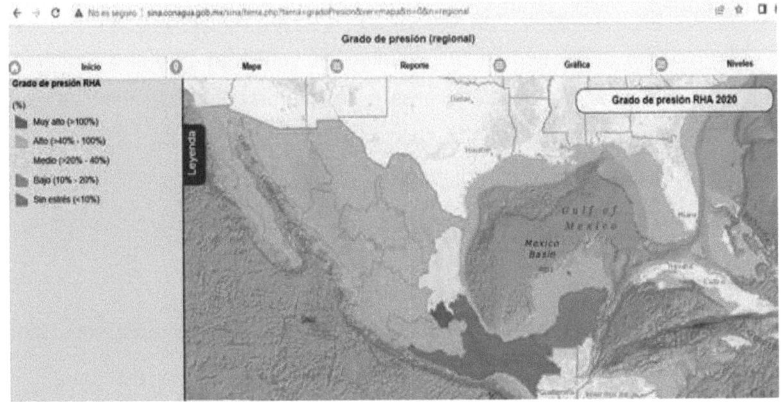

[28]No México, 80% da população vive em zonas de elevado e muito elevado stress hídrico, 10% da população não tem acesso a água potável, a lei nacional da água permite a privatização e a monopolização da exploração das bacias e dos aquíferos, não existem medidas para evitar a sobre-exploração das bacias e dos aquíferos, não existem planos de gestão para garantir a sustentabilidade das bacias e dos aquíferos, estima-se que entre 50% e 70% das bacias e dos aquíferos estejam poluídos.

Os dados que se seguem ilustram a vulnerabilidade de grandes sectores da população mexicana à falta de água potável e de saneamento:

- 80% da população vive em zonas de stress hídrico elevado e muito elevado.
- [29]57% da população não dispõe de serviços de água potável geridos de forma segura (localizados em espaços interiores, disponíveis quando necessário e sem contaminação fecal e química), 31% da população não tem água disponível quando necessário e 57% da população recebe água contaminada .

---

[28] Dados do Coneval. Indicadores complementares 2010-2018.

[29] Página 69. Progressos em matéria de água potável, saneamento e higiene. Relatório de atualização de 2017 e linha de base dos ODS. UNICEF. Organização Mundial de Saúde.

- [30]55% da população não dispõe de serviços de saneamento de água geridos de forma segura (as instalações sanitárias não são partilhadas com outros agregados familiares e os excrementos são eliminados de forma segura no local ou transportados e tratados fora do local).
- [31]12% da população não dispõe de instalações básicas de lavagem das mãos em casa.

Michoacán.

O quadro seguinte apresenta as principais empresas que monopolizam a água em Michoacán, de acordo com informações da REPDA:

Sector/Empresa	Metros cúbicos por ano
Produção de eletricidade	**472,000,000.00**
Fénix (*)	472,000,000.00
Exploração mineira	**99,575,226.00**
Arcelormittal	99,575,226.00
Papel	**46,633,951.00**
Crisoba Industrial	44,150,400.00
Industrial Papelera Mexicana	2,483,551.00
Ingenuidade	**4,627,222.78**
Moinho de açúcar Lazaro Cardenas	3,448,638.72
Ingenio Santa Clara, S. A. De C. V.	746,490.06
Ingenio Pedernales, S.A. De C.V.	432,094.00
Empresa de engarrafamento	**4,451,753.00**

---

[30] Página 87. Progresso na água potável, saneamento e higiene. Relatório de atualização de 2017 e linha de base dos ODS. UNICEF. Organização Mundial de Saúde.
[31] Página 95. Progresso na água potável, saneamento e higiene. Relatório de atualização de 2017 e linha de base dos ODS. UNICEF. Organização Mundial de Saúde.

Coca Cola	2,989,584.00
Aga	967,540.00
Pepsi	494,629.00
Imobiliário	**2,090,785.00**
Hsj Imóveis	800,000.00
Geusa Agência Imobiliária	323,767.40
Inmobiliaria Country, S. A. De C. V.	200,000.00
Desarrolladora Inmobiliaria Del Valle De Zacapu, S.A. De C.V.	145,908.00
Constructora E Inmobiliaria Valladolid, S. A. De C. V.	130,200.00
Inmobiliaria Las Huertas Country, S.A. De C.V. e Administracion Deportiva Especializada, S.A. De C.V.	127,000.00
Impulsora Comercial Inmobiliaria Agroabastos, S.A. De C.V.	100,000.00
Llanos De Uruapan Imóveis	82,099.00
Inmobiliaria Galoza, S.A. De C.V.	60,000.00
Inmobiliaria El Junco Michoacan, S.A. De C.V.	60,000.00
Constructora E Inmobiliaria Villalongin, S. A. De C. V.	23,652.00
Inmobiliaria Y Congeladora Santa Rosa, S. A. De C. V.	10,500.00
Imóveis Came	9,720.00
Inmobiliaria Turistica Brisas De Caleta, S.A. De C.V.	7,334.60
Autotra Inmobiliaria El Duero S. A De C. V.	5,000.00
Inmobiliaria Flosol, S.A. De C.V.	3,392.00
Promotora Inmobiliaria Del Balsas, S. A. De C. V.	1,500.00

Inmobiliaria Del Valle De Zamora, S.A. De C.V.	712.00
Abacate	**935,996.51**
Associação de Produtores de Abacate La Hierbabuena	449,598.52
Avoproductora M&M, S. De P. R. R. De R. L.	181,000.00
Abacates La Colmena S.P.R. De R.L. De C.V.	97,352.33
Produtores e embaladores de abacate de Periban, S.A. De C.V.	81,000.00
Integradora De Productores De Aguacate La Providencia, S. P. R. R. De R. L. De C. V.	37,700.00
Aguacates La Joya De Uruapan, S. P. R. R. De R. L. De C. V.	20,736.00
Empacadora De Avocados San Lorenzo, S.A. De C.V.	18,249.88
Empresa Exportadora de Abacate, S.A. De C.V.	17,998.00
Fies Productores De Avocado S. P. R. R. De R. L.	13,547.38
Abacates Doña Mariana S.P.R. De R.L.	10,520.00
Avoleo, S.A. De C.V.	4,147.20
Asociacion De Huerteros Los Aguacates De Los Nogales, A.C.	4,147.20
Morangos	**700,008.00**
Agroberry	304,000.00
Bagas Chapultepec, S. A. P. I. De C. V.	180,000.00
Bagas de Ceickor, S. A. P. I. De C. V.	150,000.00
Queen Berries, S. A. De C. V.	36,288.00
Operações da Driscoll	29,720.00

| **Total** | **631,014,942.29** |

(*) A Fénix é uma empresa mista detida a 51% pela PME e a 49% por capitais italianos. A PME propôs ao Governo que a empresa passasse a ser propriedade pública e que a CFE contratasse os seus membros.

No caso do abacate, é importante notar que as concessões identificadas são aquelas que declaram explicitamente que o abacate é cultivado, e que a apropriação de terras deveria ser muito maior.

O quadro seguinte mostra as pessoas que, em Michoacán, têm concessões de, pelo menos, 1 milhão de metros cúbicos de água por ano.

Título da notícia.	Metros cúbicos por ano.
German Alberto Ireta Alas, Irma Edna Ireta Vivanco e Rosa Zita De Lourdes Ireta Aguilera German Alberto Ireta Alas e Rosa Zita De Lourdes Ireta Aguilera	10,249,200
Alfredo Sánchez Ramírez	2,852,000
Soledad Escalera Salcedo	2,775,168
Joaquín Barragán Ortega	2,290,144
Fausto Alberto Suarez Correa	2,207,520
Luis Cuadra Flores	2,018,304
Pedro García Ruiz	1,555,200
Pedro De La Cruz Vaca	1,447,296
Nabor Cervantes Murguía	1,330,560
Bertha Pedraza Chávez, Antonio Pedraza Chávez, Roger Pedraza Chávez e Teresa Chávez Torres	1,283,657
J. Apolinar Salvador Boyso Patiño	1,261,440

Leticia Valencia Contreras	1,180,000
José Jesús Manuel Manuel Domingo Velázquez Mora	1,179,360
Abelardo Pérez	1,135,296
Salvador Barragán Barragán, Abraham González e Francisco Rodríguez	1,135,226
Marcelino Álvarez Torres	1,119,744
Sra. Luisa Guízar Chávez	1,044,684
José Sandoval Mendoza, José Dennis e Francisco Sandoval Parra, Domingo e Marco Antonio Sandoval Vaca	1,026,000
José Amador Reséndiz	1,016,064

A privatização e a apropriação da água causaram graves problemas socio-ambientais em Michoacán:

1. As empresas imobiliárias de Morelia ameaçam duas das três principais fontes de água da cidade.
    1.1 Poços de água. Desflorestação da bacia do Rio Chiquito, que impede a recarga dos lençóis freáticos e reduz a extração de água dos poços para consumo dos habitantes.
    1.2 Nascente de Mintzita. A expansão imobiliária na zona oeste da cidade e a fábrica da Kimberly Clark ameaçam a nascente da Mintzita.
2. A expansão das empresas produtoras de abacate agrupadas na APEAM provocou a desflorestação de florestas e a captação de água, causando escassez de água para consumo humano e para outras utilizações florestais e agrícolas em toda a zona de produção de abacate: Villa Madero, Tacámbaro, Salvador Escalante, Tingambato, Uruapan, Los Reyes, Tancítaro e planalto de Purepecha.
3. A expansão da cultura do morangueiro promovida pela empresa Driscoll provoca o açambarcamento de água e a falta de água para consumo humano e outras culturas agrícolas em Lagunillas e Huiramba.

4. Secagem e contaminação do lago Chapala, da lagoa Cuitzeo, do lago Patzcuaro e do lago Zirahuen. Foi recentemente identificada uma quantidade significativa de cádmio no Lago Chapala.

5. As águas residuais da empresa ArcelorMittal poluem o rio Acalpican com substâncias tóxicas no município de Lázaro Cárdenas, causando graves problemas de saúde às pessoas que vivem ao longo do rio e matando os peixes que vivem no leito do rio e na foz do rio em alto mar.

6. [32]20% das comunidades indígenas não dispõem de água potável e de saneamento, o que levou o Conselho Indígena Supremo de Michoacán a mobilizar-se para a Cidade do México para abrir uma mesa de negociações com Andrés Manuel López Obrador, a fim de obter o acesso ao direito humano à água.

Conclusão.

No capitalismo, a água só faz sentido como um insumo para o processo de produção de mercadorias, cujo objetivo final é gerar lucros e acumular capital, o que, em última análise, molda as enormes fortunas da oligarquia global. A privatização, o açambarcamento e a desregulamentação da água são um requisito material do processo de acumulação de capital, pelo que o capitalismo é a causa fundamental da privatização, do açambarcamento e das crises da água.

---

[32] https://www.quadratin.com.mx/principal/sin-servicio-de-agua-y-drenaje-20-de-comunidades-indigenas/

Privatização da água. Primeira reforma estrutural.

A apropriação global da água é um fator que contribui para as alterações climáticas. Durante os anos 90, o Banco Mundial e o Fundo Monetário Internacional pressionaram países de todo o mundo a privatizar a água, constituindo a primeira reforma estrutural. O México não foi exceção, como veremos.

Lei Nacional da Água.

[33]Em 1 de dezembro de 1992, o então Presidente Carlos Salinas de Gortari decretou a Lei Nacional da Água , a seguir designada LEY, em conformidade com a iniciativa de privatização da água do Banco Mundial, da Organização Mundial do Comércio e do Fundo Monetário Internacional, que é considerada a primeira reforma estrutural . A LEY privatiza a água e as infra-estruturas públicas de água, facilitando a sua apropriação por parte de monopólios e empresas privadas.

[34]A LEY permite a privatização e a monopolização da água através de instrumentos denominados concessões. Nos termos do artigo 21.º da LEY, uma pessoa apresenta um pedido à CONAGUA para obter uma concessão de água, no qual deve indicar, entre outras coisas, o volume de extração e o "uso inicial a dar à água" .

A Lei permite que o concessionário realize transações de água: [35]1) o artigo 23º da Lei permite que o concessionário "faculte a terceiros, a título provisório, a utilização total ou parcial das águas concessionadas"; e 2) a fração IV do artigo

---

[33] Reformas estruturais. Conjunto de reformas que facilitam a produção e o fluxo de bens, o fluxo de capitais, eliminando regulamentações estatais que restringem o processo de geração de bens e capitais, colocando recursos estatais ao serviço das transnacionais, eliminando benefícios laborais e privatizando serviços e bens públicos.

[34] Agrícola, Ambiental, Consuntivo, Doméstico, Aquícola, Industrial em mineração, Industrial, Pecuário e de Uso Público Urbano. Frações LIII,LIV,LV,LVI,LVII,LVII BIS, LVIII, LIX e LX do artigo 3º da LEI.

[35] Transmitir. Em direito. Alienar, ceder ou deixar a alguém um direito ou outra coisa. Dicionário da Real Academia Espanhola

28° da Lei confere ao concessionário o direito de transferir a concessão total ou parcial, o que se encontra regulado no capítulo V "Transferência de Títulos", que, entre outras coisas, permite "transferências dos respectivos títulos, dentro da mesma bacia hidrográfica ou aquífero". Apresentamos dois exemplos ilustrativos do mercado da água:

1. Em 25 de setembro de 2012, por acordo privado, os representantes legais da Comunidade de San Bartolomé Coro, município de Zinapécuaro, cederam os direitos de concessão de água por 30 000 metros cúbicos por ano a Andrés Alwin Nahmmacher Romero, concessão que foi apresentada na aprovação do projeto de estrada e loteamento concedido pela Câmara Municipal de Morelia através do ofício SDMI-DOU-FRACC-2875/2017, para o loteamento Campestre Puerta del Bosque, localizado na Tenencia de Jesús del Monte.

2. Em 10 de dezembro de 2002, através de um acordo, o Organismo Operador de Agua Potable, Alcantarillado y Saneamiento de Morelia concedeu à empresa a utilização de um volume de água de 4.730.400 metros cúbicos por ano, destinado a fornecer o serviço ao empreendimento imobiliário denominado "Montaña Monarca".

A lei prevê os Conselhos Consultivos dos Organismos de Bacia e os Conselhos de Bacia, que participam em diversas questões de gestão da água, ambos compostos por concessionários de água, e dos quais as populações são excluídas (artigo 12 BIS 2 e artigo 13 bis da lei).

Legalizar a exploração das bacias e aquíferos sobreexplorados.

O artigo 38 da LEY atribui poderes ao Executivo Federal "estudos técnicos prévios" para decretar áreas regulamentadas, áreas fechadas ou declarar reservas de água; o artigo 39 do BIS da LEY atribui poderes ao Executivo Federal para emitir decretos para o estabelecimento de áreas fechadas para a exploração, uso ou aproveitamento de água em caso de sobre-exploração de bacias ou aquíferos, seca ou escassez extrema. Os artigos 40, 41, 42 e 43 da LEY estabelecem as condições e os poderes do Executivo Federal para abolir total ou parcialmente as proibições.

estabelece a possibilidade de estabelecer encerramentos em bacias e aquíferos sobreexplorados, inclui o mecanismo de levantamento desses encerramentos, que prevê o fornecimento de informações privilegiadas a

O artigo 13 do BIS 3, inciso VIII, confere poderes aos Conselhos de Bacia Hidrográfica, constituídos pelas concessionárias, para participar da análise de estudos técnicos relacionados às disponibilidades e usos da água, o que permite às concessionárias conhecer informações privilegiadas, participar da supressão de embargos à exploração da água, antecipar o pedido de outorga de água em bacias cujos embargos foram suprimidos.

Vamos ilustrar esse comportamento através do procedimento de aprovação de 10 decretos que extinguem o defeso em 295 bacias hidrográficas publicados no Diário Oficial da Federação em 6 de junho de 2018 , a imagem 1 ilustra a linha do tempo.

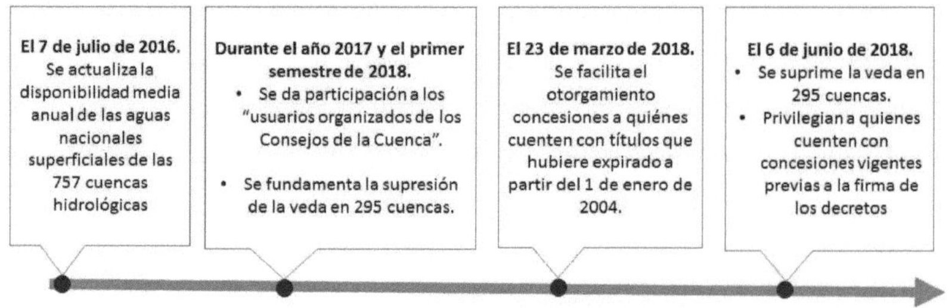

Imagem 1 Cronograma do processo de aprovação dos 10 decretos que suprimem o encerramento de 295 bacias hidrográficas publicados no Jornal Oficial da Federação em 6 de junho de 2018.

Em 6 de junho de 2018, foram publicados no Diário Oficial da Federação 10 decretos que suprimem a proibição em 295 bacias hidrográficas , ou seja, autorizam a exploração da água em bacias consideradas sobreexploradas, de acordo com os seguintes marcos:

1. A 7 de julho de 2016, foi publicado no Jornal Oficial da Federação o "ACORDO de atualização da disponibilidade média anual das águas superficiais nacionais das 757 bacias hidrográficas que integram as 37 regiões hidrográficas em que se dividem os Estados Unidos Mexicanos". É de referir que o decreto de 7 de julho de 2016 indica que foi utilizada a norma "NOM-011-CONAGUA-2015" para determinar a disponibilidade hídrica média anual das bacias. No entanto, Miguel Ángel Montoya, assessor parlamentar e consultor independente em gestão integrada da água, afirma que:

"Há ainda duas agravantes técnicas. O primeiro é que os estudos de disponibilidade que estão na base da Supressão de Encerramentos de Água se baseiam em estudos oficiais que não estão efetivamente actualizados, ou seja, foram elaborados entre 2014 e 2011 e apenas foi alterada a "capa" para fingir que estão actualizados e assim cumprir a obrigação legal de os atualizar de 3 em 3 anos. A segunda é que a fórmula de cálculo e atualização da disponibilidade estabelecida na Norma Oficial Mexicana NOM-011-CONAGUA-2000 tende a sobrestimar a recarga e, portanto, a expressar uma maior disponibilidade de água. Esta NOM tem sido severa e sistematicamente questionada por académicos, geólogos e especialistas em hidrologia que afirmam que no México as concessões são atribuídas e os Vedas são suprimidos ou estabelecidos praticamente às cegas".

De acordo com Miguel Ángel Montoya, dado que os estudos foram realizados entre 2014 e 2011, não foi utilizada a "NOM-011-CONAGUA-2015", tal como indicado nos decretos de 6 de junho de 2018. Os estudos são, portanto, fraudulentos e teriam justificado a extração de água em bacias sobreexploradas.

A medição objetiva e científica das disponibilidades hídricas anuais, bem como a sua divulgação pública, é fundamental para uma correcta gestão da água. Esta deve privilegiar o direito humano à água e o uso eficiente e sustentável da água nos processos produtivos.

2. Com base nas disponibilidades hídricas das bacias publicadas no decreto de 7 de julho de 2016, durante 2017 e o primeiro semestre de 2018, a participação é dada aos "usuários organizados do Conselho de Bacia". Vale ressaltar que o mecanismo de eleição dos "usuários organizados" é opaco, cada Conselho de Bacia estabelece as regras de eleição. Os "utilizadores organizados" são agrupados por utilização da água: agrícola, industrial, comercial, aquicultura, serviço público, etc.

   Atualmente, as populações não elegem as pessoas que participam na Assembleia dos utilizadores organizados das bacias, pelo que as populações não estão representadas nas mesmas. A Assembleia dos utilizadores organizados é composta por representantes dos concessionários, ou seja, dos particulares que se apropriaram da exploração da água das bacias.

3. Com base na disponibilidade de água nas bacias publicadas no decreto de 7 de julho de 2016, durante 2017 e o primeiro semestre de 2018, foram publicados no Diário Oficial da Federação decretos que permitem à autoridade justificar a retirada da proibição ou estabelecer que não há impedimento regulamentar para explorar as águas das 295 bacias mencionadas nos decretos de junho de 2018.

4. Em 23 de março de 2018, foi publicado no Diário Oficial da Federação um decreto que facilita a atribuição de novas concessões ou atribuições de águas nacionais, mesmo em bacias com áreas fechadas ou reservadas, a pessoas com títulos cuja validade expirou em ou após 1 de janeiro de 2004, bem como em relação a títulos existentes cuja extensão não foi solicitada dentro dos prazos estabelecidos na Lei das Águas Nacionais, e para pedidos de extensão apresentados fora desses prazos que estão pendentes de resolução.

Uma série de decretos emitidos em tempo útil:

1. Realizar estudos técnicos para atualizar a disponibilidade de água nas bacias.
2. Informar os "utilizadores organizados da bacia" sobre a disponibilidade de água nas bacias. Os representantes dos "utilizadores organizados" são pessoas que representam indivíduos ou empresas que exploram a bacia.
3. Justificar a abolição do encerramento das bacias hidrográficas.
4. Oferecer facilidades para renovar as concessões, incluindo para as bacias encerradas.
5. Privilegiar os particulares e as empresas para explorarem as bacias que acabam de ser libertadas da proibição.

Em suma, abriram caminho para que os particulares e as empresas, com informação atempada, se apropriassem da exploração das bacias hidrográficas.

Vale a pena referir que, se analisarmos cada decreto isoladamente, eles parecem inofensivos, só quando analisados no seu conjunto é que se torna evidente a perversidade e a traição da entrega do recurso água a privados e empresas privilegiadas. Esta forma de proceder permite que a privatização da água funcione nas costas das populações, a opacidade traiçoeira é um elemento-chave na privatização de um recurso vital que, de outra forma, seria objeto de um severo escrutínio e seria motivo de protestos maciços.

Irregularidades nos títulos de concessão.

A Lei estabelece regulamentos para a concessão de concessões de água, que se baseiam na disponibilidade de água em bacias e aquíferos, incluindo o seguinte:

O artigo 14º da secção VII do BIS 5 da lei estabelece que

"O Poder Executivo Federal assegurará que as concessões e outorgas de água sejam baseadas na efetiva disponibilidade do recurso nas regiões hidrográficas e bacias hidrográficas correspondentes, e implementará mecanismos para manter ou restabelecer o equilíbrio hidrológico nas bacias hidrográficas do País e dos ecossistemas vitais para a água.

Ou seja, as concessões são concedidas de acordo com a disponibilidade de água em cada bacia ou aquífero.

O artigo 21° da LEI estabelece os dados que o pedido de concessão deve conter, entre os quais se destacam: Nome e morada do requerente, a bacia ou aquífero a que se refere o pedido, as coordenadas geográficas do ponto de extração e o uso inicial que será dado à água. Esta informação é relevante porque é a base para determinar se existe água disponível na bacia ou aquífero para conceder a concessão e, em caso afirmativo, é estabelecida no título de concessão.

O artigo 29° da secção BIS 2 da lei estabelece as condições de suspensão de uma concessão, nomeadamente a secção V, que diz: "O incumprimento das condições ou especificações do título de concessão ou de cessão, salvo se provar que esse incumprimento não lhe é imputável".

A CONAGUA publica periodicamente as coordenadas dos pontos de captação contidos nos títulos de concessão, que podem ser baixados do site de dados abertos da CONAGUA.[36] A análise dos pontos de extração contidos nas concessões de água permitiu identificar uma série de irregularidades.

Títulos de concessão que omitem o nome da bacia ou do aquífero a que pertencem.

Com base nas informações disponíveis no Registro Público de Outorgas de Direito de Uso da Água do CONAGUA, no que se refere às águas superficiais, existem 998 pontos de extração a nível nacional cujos títulos de outorga omitem o nome da bacia hidrográfica a que pertencem, abrangendo 909.901.266,80 metros cúbicos de água por ano.

Estado	Número de pontos de extração.	Volume anual em metros cúbicos
AGUASCALIENTES		295,564.00
BAIXA CALIFÓRNIA		22,649,602.50
BAJA CALIFORNIA SUR		4,127,729.00
CAMPECHE		575,333.76
CHIAPAS		6,940,844.76
CHIHUAHUA		342,000.00
COLIMA	23	1,539,955.50
DURANGO	33	48,187.00
GUANAJUATO	5	2,650,201.60
GUERRERO	51	839,054.00

[36] https://datos.gob.mx/busca/dataset/concesiones-asignaciones-permisos-otorgados-y-registros-de-obras-situadas-en-zonas-de-libre-alu

Estado	Número de pontos de extração.	Volume anual em metros cúbicos
HIDALGO	1	7,665.00
JALISCO		8,103,287.50
MEXICO	91	84,732,769.00
MICHOACÁN DE OCAMPO	344	46,251,610.57
MORELOS		463,249.00
NAYARIT	80	7,083,967.51
NOVO LEÃO	10	19,854,500.00
OAXACA		11,871,433.50
PUEBLA	46	178,662,755.46
QUERÉTARO		33,661.00
SAN LUIS POTOSÍ		534,000.00
SINALOA	25	21,587,875.00
SONORA	8	11,416,100.00
TABASCO		8,904,063.94
TAMAULIPAS	10	10,569,215.50
TLAXCALA		1,393,703.00
VERACRUZ DE IGNACIO DE LA LLAVE	43	458,197,126.70
ZACATECAS		225,812.00
Total geral	998	909,901,266.80

No que respeita às águas subterrâneas, existem 431 pontos de extração a nível nacional cujos títulos de concessão omitem o nome do aquífero a que pertencem, abrangendo 302.511.950,55 metros cúbicos de água por ano.

Estado	Número de pontos de extração.	Volume anual em metros cúbicos
BAIXA CALIFÓRNIA	280	178,385,821.55
BAJA CALIFORNIA SUR		3,241,400.00
GUANAJUATO		18,000,000.00
JALISCO		8,611,080.00
MICHOACÁN DE OCAMPO	70	44,000,000.00
NAYARIT		43,800,000.00
PUEBLA	25	6,473,649.00
Total geral	431	302,511,950.55

Pontos de extração que não se situam na bacia ou aquífero indicado no título de concessão.

Como estudo de caso, analisámos as concessões registadas na CONAGUA para o estado de Michoacán. Com base na informação pública do "Registo Público de Direitos de Água", utilizando o sistema de informação geográfica QGis, foram comparadas as coordenadas dos pontos de extração com os polígonos das bacias e aquíferos, tendo sido identificados 1.476 pontos de extração que não se localizam dentro do polígono do aquífero indicado no título de concessão, abrangendo 191.426.062.02 metros cúbicos de água por ano, tendo sido identificados 1.060 pontos de extração que não se localizam no polígono da bacia hidrográfica indicada no título de concessão, abrangendo 51.310.893.05 metros cúbicos de água por ano, a que se juntam 70 pontos de extração que omitem o nome do aquífero, com 44 milhões de metros cúbicos de água por ano, e 344 pontos de extração que omitem o nome da bacia, com 46.251.610,57 metros cúbicos de água por ano, num total de 332.988.565,64 metros cúbicos de água por ano.

A política da água é assim derrotada, uma vez que se perde o controlo sobre o volume captado em relação à disponibilidade de água na bacia ou no aquífero.

O quadro mostra o número de pontos de captação que estão localizados fora dos aquíferos identificados nas concessões de água.

Aquífero	Pontos de extração	Volume anual em metros cúbicos.
APATZINGÃO	71	12,978,337.54
BRISEÑAS-YURÉCUARO	94	20,149,700.98
A CIÊNCIA DE CHAPALA		10,613,146.39
CIDADE HIDALGO-TUXPAN	79	1,977,941.85
COAHUAYANA		4,120,566.80
COTAÇÃO		603,109.50
HUETAMO	133	1,144,772.85
LA HUACANA	21	1,930,332.12
A PEDRA	111	14,739,473.69
LAGUNILLAS PÁTZCUARO	10	830,505.69
LAZARO CÁRDENAS		597,039.60
MARAVATÍO-CONTEPEC-E. HUERTA	502	69,916,408.23
MORÉLIA-QUERÉNDARO	65	17,414,599.13
NOVA ITÁLIA		3,191,655.00

Aquífero	Pontos de extração	Volume anual em metros cúbicos.
OSTULA		500,907.60
PASTOR ORTÍZ-LA PIEDAD		15,810,507.21
PRAIA AZUL		23,229.09
TACÁMBARO-TURICATO		2,445,825.91
URUAPAN		3,441,682.10
ZACAPU	8	2,498,057.80
ZAMORA		6,498,262.94
Total geral	**1476**	**191,426,062.02**

O quadro mostra o número de pontos de captação que estão localizados fora dos polígonos das bacias identificadas nas concessões de água.

Bacia	Pontos de extração	Volume anual em metros cúbicos.
BARREIRAS		261,773.25
COAHUAYANA 1		214,909.63
COAHUAYANA 2		173,678.26
LAGO CUITZEO		1,531,693.08
LAGO PATZCUARO		116,051.60
LAGUNA DE YURIRIA		1,562,016.00
RIO ACAPILCANO	58	540,295.00
RIO ANGULO	1	255.50
RIO BALSAS INFERIOR		1,676,896.00
RIO CHULA	98	286,816.13
RIO COALCOMÁN		933,985.70
RIO CUPATITZIO	46	5,202,640.87
RIO CUTZAMALA	55	2,628,447.84
RIO DUERO		270,475.40
RIO LERMA 2	10	331,823.32
RIO LERMA 3		3,009,784.82
RIO LERMA 4		19,051.20
RIO LERMA 7	1	25,228.00
RIO BALSAS MÉDIO		3,827.72
RIO NEXPA	229	4,063,286.64
RIO QUERÉTARO		175,090.08
RIO TACAMBARO		4,809,317.76
RIO TEPALCATEPEC	91	21,671,945.48
RIO ZIRAHUÉN	5	316,603.92
RIOS AQUILA-OSTUTA	49	1,361,350.22
RIOS MARMEYERA-TUPITINA		123,649.63
Total geral	**1060**	**51,310,893.05**

O processo CRISOBA INDUSTRIAL S.A. DE C.V.

A empresa CRISOBA INDUSTRIAL S.A. DE C.V. tem uma fábrica no município de Morelia Michoacán (19.649798°, -101.264346°), à qual foi concedido o título de concessão 4MCH100212/12FOSG94 que lhe concede a exploração de 22.075.200,00 metros cúbicos de água por ano para uso industrial, que é obtida através de dois pontos de extração:

Número	Latitude	Comprimento	Volume anual metros cúbicos
1	19°38'45.0000"	101°15'10.0000"	11,037,600.00
	19°15'10.0000"	101°38'45.0000"	11,037,600.00

O ponto de extração 2 está localizado no município de Ario de Rosales, a 59,1 quilómetros de distância em linha reta da fábrica da CRISOBA, localizada no município de Morelia. No mapa seguinte, a marca vermelha corresponde ao ponto de extração e a marca amarela à fábrica de Crisoba.

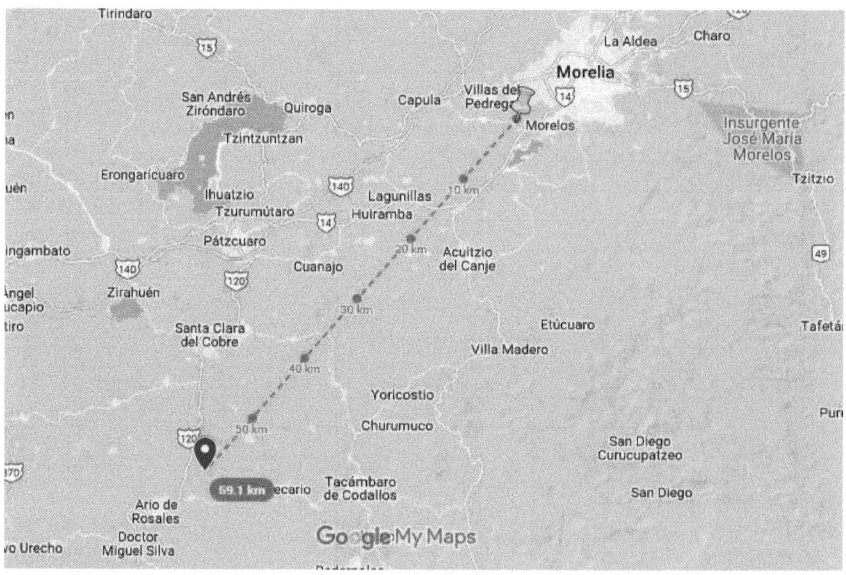

O caso da aldeia de Jesús del Monte.

A localidade de Jesús del Monte (19.65166806441037, -101.1510961393666), situada no município de Morelia, obteve a concessão 08MCH107985/12HODL18 para 105.014,00 metros cúbicos anuais de uso público urbano, obtidos através de três pontos de extração:

Número	Latitude	Comprimento	Fonte	Volume anual metros cúbicos
1	19°37'28.0000" N	101°06'33.0000" W	Mola El Peral	57,710.00
	19°38'53.0000" N	101°39'54.0000" W	Nascente do Mastranto	31,536.00
	19°39'16.0000" N	101°10'08.0000" W	Nascente de Ojo de Aguita	15,768.00

O ponto de extração correspondente ao manancial de El Mastranto contido no título de concessão está situado no município de Erongarícuaro, a 54 quilómetros em linha reta da localidade de Jesús del Monte. No mapa seguinte, a marca vermelha corresponde ao ponto de extração e a marca preta corresponde à localidade de Jesús del Monte.

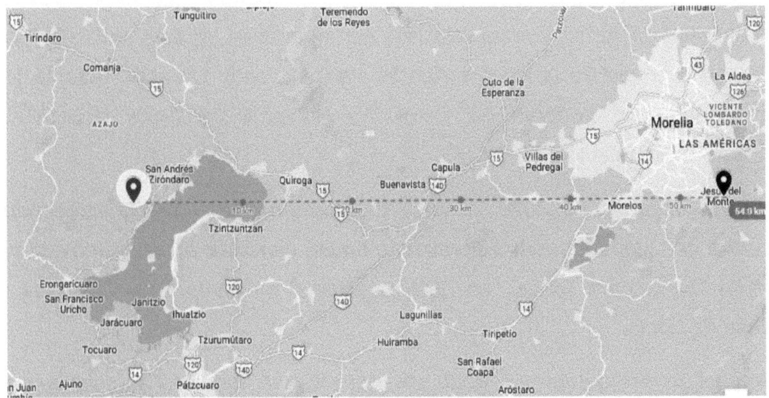

A verdadeira nascente de El Mastranto está situada a 639 metros em linha reta do centro da aldeia de Jesús del Monte.

O direito humano à água e a falta de ação do Congresso.

Em 8 de fevereiro de 2012, o artigo 4.º da Constituição Política dos Estados Unidos Mexicanos foi alterado para elevar o direito humano à água a um estatuto constitucional, pelo que o artigo terceiro transitório estabelece: "O Congresso da União terá um prazo de 360 dias para emitir uma Lei Geral da Água". O prazo expirou a 2 de fevereiro de 2013.

Praticamente 5 legislaturas (LXI, LXII, LXIII, LXIV e LXV) omitiram a aprovação da Lei Geral da Água, correspondendo aos mandatos de seis anos de Felipe Calderón, Enrique Peña Nieto e Andrés Manuel López Obrador, durante todo este período os poderes da Comissão Nacional da Água (CONAGUA) permaneceram intactos.

Em 6 de fevereiro de 2020, a Mesa da Câmara dos Deputados recebeu a iniciativa de cidadania para a aprovação da Lei Geral da Água promovida pelo coletivo "Água para Todos", no qual participa o Movimento de Cidadãos em Defesa da Loma.

A nomeação, em outubro de 2020, de Elena Burns, membro do coletivo Agua para Todos, como Subdiretora Geral de Administração da CONAGUA, gerou expectativas positivas para a promulgação da Lei Geral da Água com uma orientação favorável à garantia do direito humano à água, em primeiro lugar devido à longa história de Elena na defesa do direito humano à água e, em segundo lugar, porque o Presidente Andrés Manuel López Obrador a encarregou de garantir que a água pertence ao povo e que acabaria com a corrupção. Em 31 de outubro de 2022, por ordem de Germán Arturo Martínez Santoyo, Diretor-Geral da CONAGUA, Elena Burns foi impedida de aceder às instalações, demitindo-a de forma irregular e ofensiva. A saída de Elena gerou consternação e rejeição por parte de vários colectivos nacionais em defesa do direito humano à água. A demissão de Elena Burns e a permanência de Germán Arturo Martínez Santoyo marcaram o triunfo dos interesses oligárquicos dentro da CONAGUA.

A nova Lei Geral da Água.

A revogação da Lei Nacional da Água e a publicação da Lei Geral da Água é um mandato constitucional.

A nova Lei Geral da Água deve recuperar a propriedade e a administração pública da água, e assumir a restauração e conservação das bacias e aquíferos como parte integrante do cuidado e uso da água, estas medidas são essenciais para erradicar as alterações climáticas e garantir a vida da humanidade, portanto, os seguintes direitos e princípios devem ser garantidos:

- O direito humano à água e ao saneamento para todos os habitantes do país, bem como para as gerações futuras, eliminando todas as formas de discriminação;
- O direito a um ambiente saudável;
- Manter o fluxo ecológico das bacias hidrográficas e dos aquíferos.
- Restaurar e conservar os sistemas ecológicos das bacias hidrográficas e dos aquíferos.
- A soberania alimentar e o direito à alimentação no que diz respeito à água;
- A produção de medicamentos e de bens de primeira necessidade;
- A soberania energética e o direito humano à energia no que respeita à água;

A concretização destes direitos e princípios exige, pelo menos, as seguintes medidas concretas:

1. Recuperar a água e as infra-estruturas hídricas como bens nacionais e segurança nacional, cancelando todas as concessões e nacionalizando as infra-estruturas hídricas rurais e urbanas.

2. Constituir assembleias municipais com poderes para conceber, administrar e supervisionar a gestão integrada da água, incluindo a proteção e a recuperação das bacias hidrográficas e dos aquíferos. As assembleias serão compostas por um homem e uma mulher por cada colónia ou bairro ou localidade com um máximo de 2.500 habitantes.

3. Estabelecer que todas as massas de água potável sejam propriedade pública ou colectiva e sejam as únicas responsáveis pelo abastecimento de água potável para uso doméstico e público.

4. Criar o Instituto Nacional de Recursos Hidráulicos, cujo objetivo é o abastecimento de água para outros usos que não o consumo doméstico e urbano, que fornecerá água de acordo com uma ordem de prioridade que dá prioridade à produção de produtos do cabaz básico e, em seguida, ao resto dos produtos, a prioridade também dá prioridade aos pequenos e médios produtores e, finalmente, aos monopólios e transnacionais.

5. Assegurar o direito humano à água, garantindo o fornecimento gratuito de 300 litros de água por pessoa e por dia, sendo estabelecidas tarifas diferenciadas para o consumo adicional em função da utilização e do nível de rendimento.

6. Para garantir a utilização da água para satisfazer as necessidades da população, é necessário dar prioridade ao abastecimento de água:

6.1. Consumo pessoal e urbano.

6.2. Produção de produtos do cabaz básico alimentar e não alimentar para consumo nacional.

6.3. Produção de produtos do cabaz básico alimentar e não alimentar para consumo nacional.

6.4. Produção de alimentos para consumo interno.

6.5. Produção de produtos não agrícolas para consumo interno.

6.6. Produção de energia com adesão à soberania energética.

6.7. Produção de produtos agrícolas para exportação.

6.8. Produção de produtos para exportação.

6.9. Utilização em processos de produção altamente poluentes ou nocivos.

7. Obrigar as autarquias, as indústrias, as empresas e a agricultura a instalarem estações de tratamento de águas residuais, de modo a que as águas residuais tenham a mesma qualidade que as águas de entrada.

8. Assegurar a soberania energética em matéria de eletricidade, apenas a água será concedida à Comissão Federal da Eletricidade.

A crise da água só poderá ser resolvida com a erradicação da apropriação da água e com o estabelecimento de uma gestão democrática dos recursos hídricos por parte das pessoas.

A democracia é a solução.

O capitalismo está na origem das alterações climáticas e da apropriação e privatização da água, pelo que a sua erradicação está intrinsecamente ligada à instauração de democracias populares, ou seja, à reestruturação da sociedade para produzir os bens e serviços de que as pessoas necessitam, em vez de produzir mercadorias, que, em última análise, produzem lucro, desigualdade e uma elite parasitária de super-ricos.

A democracia representativa e os sistemas eleitorais tradicionais não conseguiram resolver os graves problemas que a humanidade enfrenta, incluindo as alterações climáticas. A oligarquia global e local é responsável pela desigualdade, pela pobreza, pela fome, pela guerra e pelas alterações climáticas.

A resposta está na democracia direta, com a eleição de assembleias a partir das unidades básicas da sociedade: colónias, bairros, tenencias, comunidades, ejidos e localidades, com cada assembleia a nomear representantes para as assembleias municipais, e assim por diante até uma assembleia nacional. Os representantes seriam imediatamente responsabilizados e seriam substituídos se não cumprissem o mandato popular.

Os sistemas eleitorais devem facilitar a nomeação de candidatos, estabelecendo como requisitos a honestidade e o apoio popular, bem como facilitar a formação de partidos políticos, com o único requisito de apresentar a sua plataforma e documentos básicos.